超級科學家的誕生

生物學篇

戴翠思（Tracey Turner） 著
林占美（Jamie Lenman） 繪

新雅文化事業有限公司
www.sunya.com.hk

超級科學家的誕生
生物學篇

作者：戴翠思（Tracey Turner）
繪圖：林占美（Jamie Lenman）
翻譯：Langchitect
責任編輯：潘曉華
美術設計：何宙樺
出版：新雅文化事業有限公司
香港英皇道499號北角工業大廈18樓
電話：（852）2138 7998　傳真：（852）2597 4003
網址：http://www.sunya.com.hk
電郵：marketing@sunya.com.hk
發行：香港聯合書刊物流有限公司
香港新界大埔汀麗路36號中華商務印刷大廈3字樓
電話：（852）2150 2100　傳真：（852）2407 3062
電郵：info@suplogistics.com.hk
印刷：中華商務彩色印刷有限公司
香港新界大埔汀麗路36號
版次：二〇一七年七月初版

Original title: SUPERHEROES OF SCIENCE - ANIMALS
First published 2017 by Bloomsbury Publishing Plc
50 Bedford Square, London WC1B 3DP
www.bloomsbury.com

ISBN:978-962-08-6863-4

18/F, North Point Industrial Building, 499 King's Road, Hong Kong
Published and printed in Hong Kong

目錄

引言

《超級科學家的誕生》為你介紹近百位偉大的超級科學家。他們當中雖然沒有人能披上斗篷飛越天際，或者擁有超乎尋常的強大力量，但是這些超級科學家都是值得我們敬佩的英雄。他們的探索和研究，揭開了許多鮮為人知的秘密，讓我們認識更多有關天文、地理、醫學和生物的知識。現在就請你跟隨生物學家，探索千奇百趣的生物世界吧！

閱讀本書時，請你試試找出……

- 誰在自己喝茶的茶壺裏發現水蛭（或稱蜞乸）？
- 有一位科學家在駕車時被鯊魚咬傷，為什麼會這樣呢？
- 誰在研究電鰻時觸電？
- 為什麼有一位科學家經常向大猩猩打嗝？

要是你有興趣和紅毛猩猩做朋友、跟螞蟻説心事，或是想跟鯊魚面對面見面，請你繼續閱讀下去。你還可以跟隨超級科學家跑到遙遠的盧旺達熱帶雨林、橫渡南極冰封之地，以及潛入海洋深處，認識更多不同的生物呢！

在本書中，你除了可以看到超級科學家堅持不懈、充滿勇氣與驚人智慧的探索故事外，也許還會得到一些意外驚喜，例如你知道達爾文曾對着蚯蚓奏音樂嗎？你知道雷文霍克曾用顯微鏡放大老人牙縫間的食物殘渣嗎？

你即將跟生物學中的超級專家見面，認識他們那些不可思議的故事……

你還可以翻到第42頁挑戰自己的實力，完成「毛管敞」小測試，看看自己對各種奇趣動物的認識有多少！

發表「演化論」的

達爾文

查理斯．達爾文（Charles　Darwin，1809年－1882年）花了5年時間出海探險，回來後提出了改變世界的理論。

甲蟲與貓頭鷹

達爾文生活在英國維多利亞女皇的統治時期（稱為維多利亞時期），在劍橋大學修讀醫學、解剖學、化學等課程。不過，他沒有花太多時間在課程學習上，而是喜歡研究動物。從搜集不同品種的甲蟲開始，甚至參加「貪吃者俱樂部」，他吃下了不少珍禽異獸（包括貓頭鷹）。無論是活生生的或是已經死去的動物，達爾文都對牠們有着濃厚的研究興趣，所以他在1831年決定參加一項為時5年的出海探險計劃 —— 以博物學家身分登上「小獵犬號」揚帆出海，到不同地方進行考察。

發現之旅

在旅程中，達爾文發現不同種類的動物都特別適應牠們的居住環境，例如在加拉帕戈斯羣島（又稱加拉巴哥羣島）找到的象龜會因應居住地不同而有不同特徵：住在濕潤高地的象龜體形較大，住在乾燥低地的象龜則較小，令達爾文思考，究竟生物是如何隨着時間而改變自己來適應當地環境的呢？過了不久，達爾文便提出了一個革命性的理論。

物競天擇

達爾文沒有跟其他人分享他的新理論，直至1858年，華萊士（見第30頁）寫信與他交流類似的看法後，兩人便發表了有關該理論的研究論文。他們提出同一物種的個別羣體具有微小差異：假如那些差異對生存有利的話，該羣體便會活得較長久和能夠繁衍更多下一代，並會把對生存有利的特點傳給下一代，直到同一物種都遺傳到該特點（見第32頁有關物競天擇和演化論的解釋）。

衝擊當時一般人的看法

達爾文論述生物演化的著作《物種起源》（*On the Origin of Species by Means of Natural Selection*）出版後，被視為挑戰基督教教義（《聖經》的教導是神創造宇宙萬物，萬物自創造以來就是這個樣子的），因而引起了激烈的爭議。很多人在公開場合上跟達爾文爭辯，更有人不滿他提出人類的祖先是猴子（事實上，達爾文只是說人類和猿類有共同的祖先）而譏笑他。

研究蚯蚓

達爾文研究動物的熱情一直沒有減退，直至1882年病逝前，他還在進行有關研究，例如對着蚯蚓奏音樂，觀察牠們的反應。

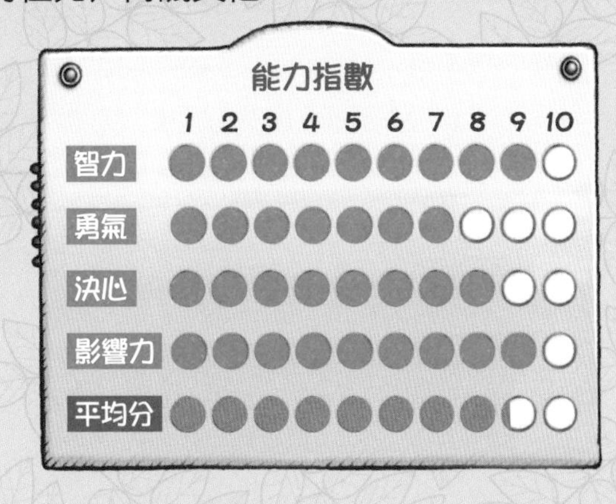

與黑猩猩一起生活的

珍古德

珍古德（Jane Goodall，1934年－）在非洲與黑猩猩一起生活，揭開了這種最接近人類物種的動物的奇妙世界。

鱷魚會

珍古德在英國倫敦出生，小時候已經非常喜愛動物，曾經偷偷進入雞舍觀察了小雞很久（她的家人以為她不見了，嚇得四處找她），又在家中成立鱷魚會，只容許喜愛動物的小朋友參加，入會前還要先考考他們對動物的認識。

非洲之旅

1957年，23歲的珍古德到非洲肯尼亞探望朋友時，遇上了著名的人類學家（研究人類的過去和現在的專家）路易斯．李奇（Louis Leakey）。李奇聘請珍古德成為他的秘書，還讓她參與在坦桑尼亞奧杜威峽谷的發掘工作，尋找關於人類祖先的證據。在珍古德工作期間，李奇發現她對動物有濃厚的興趣，便建議她嘗試研究在野外生活的黑猩猩。

跟黑猩猩溝通

1960年，珍古德在東非的坦干依喀湖湖邊紥營，準備近距離研究黑猩猩，但黑猩猩都害怕珍古德，每次看見她都遠遠跑開。後來，珍古德嘗試小心翼翼地慢慢接近黑猩猩：她在每天的同一時間出現，遠距離觀察牠們。兩年後，珍古德已經可以和黑猩猩和諧共處，而且能夠跟大概100隻黑猩猩作近距離接觸，並模仿牠們的行為和吃相同的食物（剛剛被殺的猴子除外）。

黑猩猩的社交生活

珍古德發現原來黑猩猩有複雜的社交生活、懂得製作和使用工具、會狩獵和吃肉、能發出不同的聲音來溝通，也懂得擁抱同類來表示安慰和支持。在她之前，從來沒有人知道黑猩猩有這些特徵。

引起人們關注黑猩猩

珍古德出版了講述黑猩猩的著作後，令更多人了解到這種與人類有近親關係的動物的特性和生活，同時也讓珍古德的名氣漸大。她把一生都奉獻給非洲的保育工作，致力推廣環境保護及善待遭到非法捕獵的黑猩猩。

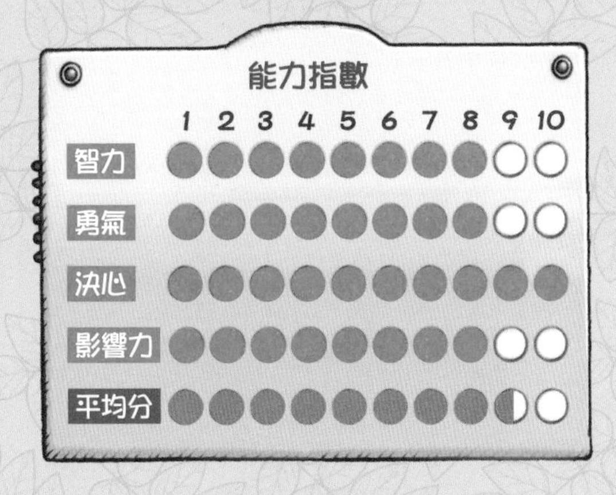

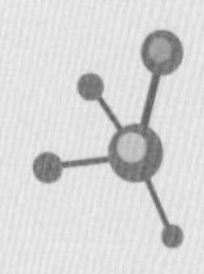

延伸知識

人猿星球

最接近人類的物種是猿，包括黑猩猩、大猩猩和紅毛猩猩。有科學家提出，大約700萬年前，我們與猿類有共同的祖先。現在就來認識一下這個猿類大家庭吧！

黑猩猩

黑猩猩與人類的基因近似值高達98%，是人類的最直系親屬。黑猩猩是羣居動物，一羣黑猩猩的數量可以超過100隻。珍古德是第一個記錄黑猩猩使用工具的人：牠們懂得用小樹枝把白蟻從白蟻穴中拉出來、用石頭砸開硬殼果，以及用海綿來吸水。黑猩猩愛吃的食物有很多，包括水果、植物、昆蟲和肉類。牠們也愛狩獵，通常是一羣黑猩猩一同去追捕、分隔和獵殺猴子。

猿類告急！

猿類是人類的近親，但牠們居住的森林不停受到人類的破壞，令牠們面對瀕臨絕種的威脅，情況令人擔憂。

大猩猩

大猩猩在猿類中是體形最大的，體重可達200公斤（約3個成年人的體重總和）。大猩猩主要分為兩種，一種住在山上（稱為山地大猩猩），一種住在低地（稱為低地大猩猩）。山地大猩猩比低地大猩猩的體形更龐大，數量則較稀少，大概只有數百隻。大猩猩不喜歡吃肉，只愛吃植物，極少數情況下會吃昆蟲。由於牠們體形龐大，需要吃大量堅硬的植物，因此發展出強壯的下顎肌肉，方便牠們咀嚼食物。大猩猩的毛色大多是黑色的，而年長的雄性大猩猩背部毛色則會隨時間慢慢變成銀灰色。銀背大猩猩通常是一個羣體的領袖，假如有其他大猩猩挑戰牠的領導地位，牠們便可能發生打鬥直至一方死亡。不過大部分時候，大猩猩都是和平愛好者。

紅毛猩猩

目前，人們只在兩個位於東南亞的島嶼上發現紅毛猩猩的蹤影，分別是婆羅洲和蘇門答臘。紅毛猩猩喜愛在熱帶雨林的樹上生活，部分雄性紅毛猩猩的臉部會長出飽滿的肉頰，但暫時沒有人知道它長出來的原因。雖然大部分紅毛猩猩都愛吃水果，但偶然也會獵殺及吃掉小型的靈長類動物——懶猴。

國王的老師

亞里士多德

亞里士多德（Aristotle，公元前384年－公元前322年）生於古希臘時代，是世界上第一批科學家。他有不少研究興趣，包括哲學、音樂、經濟、動物等。

學與教

亞里士多德在古希臘北部馬其頓王國出生，後來搬到雅典，跟隨著名的哲學家柏拉圖學習。亞里士多德在雅典一直居住了20年，當柏拉圖死後，他回到馬其頓王國，成為國王菲臘的兒子——亞歷山大（後來的亞歷山大大帝）的老師。幾年後，亞里士多德在雅典設立了自己的學校，同時繼續進行哲學研究和寫作。他完成了大約150本書，但現存的只有30本。亞里士多德的著作題材廣泛，當中包括了動物研究。

亞里士多德筆下的動物

亞里士多德講述的動物資料雖然並不是完全正確，但在他之前，從來沒有人像他那般研究動物，所以在之後的數個世紀，亞里士多德在動物研究領域中仍然是世界的權威。他在著作中描寫了自己怎樣解剖八爪魚和螃蟹、講解小雞如何從胚胎孵化出來、發現魚和鯨魚的分別、觀察鯊魚從出生到長大的過程、認識牛有多於一個胃，以及研究蜜蜂的生活世界。他在書中寫到的一些事物或看法，有不少需要在他之後的幾百年，當科技更加進步時才獲得確認。此外，亞里士多德也用了創新和有效的方法，按動物的相同特徵為牠們進行分類。

不朽巨著

亞里士多德的晚年生活跟他的學生亞歷山大有很密切的關係。由於亞歷山大大帝在位期間不斷南征北討，直到他在公元前323年逝世為止，因此曾受過他攻擊的雅典人很討厭馬其頓人。在亞歷山大大帝死後，身為馬其頓人的亞里士多德難以在雅典居住下去，只好搬回家鄉。一年後，亞里士多德與世長辭。亞里士多德的研究對後世影響很大，即使在2,300年後的今天，仍然有不少人研讀他的著作。

能力指數

	1	2	3	4	5	6	7	8	9	10
智力	●	●	●	●	●	●	●	○	○	○
勇氣	●	●	●	●	●	○	○	○	○	○
決心	●	●	●	●	●	●	●	○	○	○
影響力	●	●	●	●	●	●	●	●	○	○
平均分	●	●	●	●	●	●	◐	○	○	○

榮獲諾貝爾獎的動物行為學家

洛倫茲

康拉德．洛倫茲（Konrad Lorenz，1903年－1989年）擁有醫學博士學位，但他更喜愛研究動物行為，還建立了現代動物行為學。

洛倫茲的小小動物園

1903年，洛倫茲在奧地利出生，長大後曾到美國和維也納修讀醫學，其後成為解剖學的助理教授。不過，隨着他越來越喜愛動物，他投放在研究動物方面的時間和精神也越來越多。事實上，洛倫茲早在學生時代就已經飼養動物，甚至發展成一個小小動物園，飼養了魚、鳥、貓、兔子，以及一隻捲尾猴，名叫歌莉亞。

忠誠的小鴨子

洛倫茲在30歲時取得動物學博士榮譽後，便開始全情投入鳥類研究。他在觀察寒鴉和灰雁後發表了一篇研究論文，內容大獲好評，很快便被公認為研究鳥類行為的專家。

洛倫茲最著名的是發現了某些動物有「銘印效應」，即在動物剛出生的短時間內會對某些刺激感覺特別敏鋭，並對該刺激產生特殊偏好，例如剛孵化的幼鳥會跟隨牠見到的第一個移動目標行走—— 無論該移動目標是自己的媽媽、人類或是玩具車。洛倫茲曾經進行過這樣的實驗，他在一羣剛出生的鴨子前行走並模仿鴨子的叫聲，那些小鴨子就會緊跟着他，而且完全不受其他事物干擾！

動物也坐牢

第二次世界大戰（1939年－1945年）期間，洛倫茲擔任德國軍隊的軍醫，後來淪為戰犯被蘇聯囚禁。二戰結束後，他帶着自己在獄中訓練的椋鳥，以及被囚時撰寫有關動物行為的書稿回到奧地利。

書籍與獎項

洛倫茲出版了兩本大受歡迎的書，也發表了不少研究論文，內容都是有關動物行為。洛倫茲是現代動物行為學的其中一位創始人，他的研究幫助我們了解動物在演化過程中與牠們自身行為的關係。1973年，洛倫茲更因此獲得了「諾貝爾生理學或醫學獎」。洛倫茲一生熱愛動物，直至1989年離世，他對動物的熱情始終不曾減退。

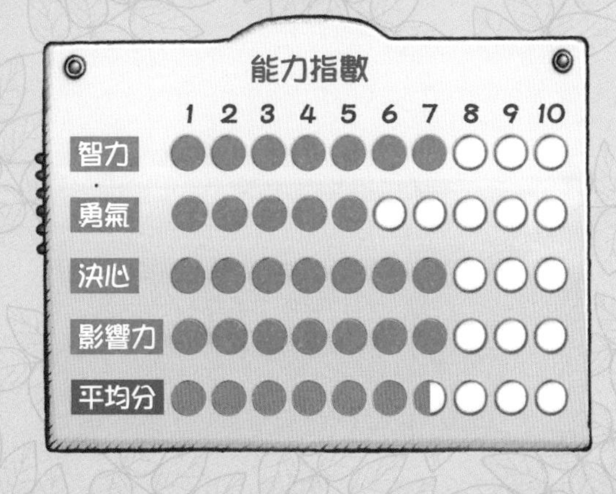

讓鳥兒繼續快樂歌唱的

卡森

瑞秋．卡森（Rachel Carson，1907年－1964年）是一位科學家、作家，也是對環境保護運動充滿熱誠的先鋒。

卡森的田園生活

卡森在美國賓夕凡尼亞州的鄉郊長大，她的父母經營着一個農場。卡森的父母經常鼓勵女兒四處探索，所以卡森從小就在田野間跑來跑去，養成她日後對野生動物和田園生活的喜愛。卡森也愛寫故事，當中大部分都是和動物有關，而且在她10歲時已出版了第一本著作！

和漁業有關的工作

雖然卡森擁有動物學碩士學位，而且是一個非常聰穎的人，但她想找一份海洋生物學家的工作，卻始終找不到（其中一個原因是當時的婦女受到歧視）。她只好在馬里蘭大學教授動物學，又替報紙寫專欄，同時修讀海洋生物學。1935年，卡森的父親逝世，她的姊姊也在第二年離世，遺下兩個年幼的孩子，所以卡森很需要找到一份待遇較佳的工作來供養母親和兩個外甥。幸好，她在美國漁業管理局找到了一份工作，成為管理局內的水生生物學家。

熱門暢銷書

卡森對寫作極有天分，經常撰寫文章，而主題都是環繞海洋生物。她除了有自己的出版物外，也擔任了漁業管理局出版物的主編。卡森曾在大西洋的偵測船上工作，其後出版了第二本著作。過了不久，她決定離開漁業管理局，全力投入寫作，她的很多著作都成為了暢銷書。

討厭的殺蟲劑

卡森除了關心海洋生物外，也很重視其他動物的生命。在卡森生活的時代，人們使用滴滴涕殺蟲劑（英文簡稱DDT）來殺滅蚊子。然而，這種殺蟲劑在滅蚊之餘，也會危害愛吃昆蟲的雀鳥的生命。1962年，卡森出版了《寂靜的春天》（*Silent Spring*），指出假如人類繼續使用像滴滴涕那樣的殺蟲劑，終有一天，當春天來臨時，人們不會再聽到小鳥的歌聲。1972年，滴滴涕殺蟲劑被正式禁止使用，部分原因是基於卡森的著作及她為此所作出的研究。在1964年，卡森離世，但她推動的保護環境運動依然薪火相傳下去。

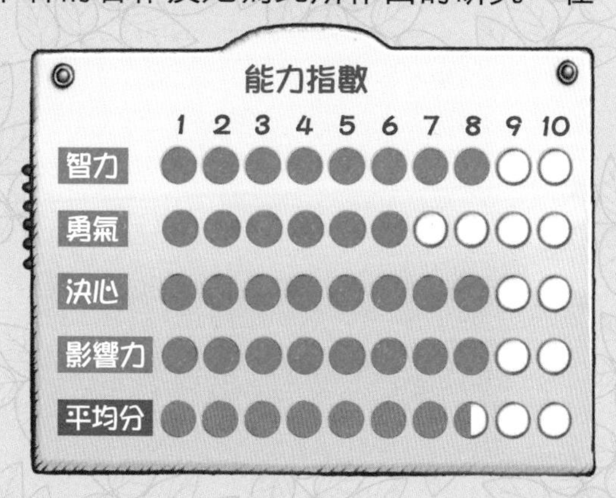

古生物學之父

居維葉

喬治·居維葉（Georges Cuvier，1769年－1832年）花了很多時間研究動物骸骨，也是第一位能證明有些動物已滅絕的動物學家。

革命時代

居維葉出生於蒙貝利亞爾（位於現在法國東部）。1789年，居維葉20歲，當時正值法國大革命（1789年－1799年），很多法國貴族，包括法國國王也被處決。雖然政局不穩定，但身在法國北部的居維葉正埋首比較古代動物的化石和現代動物的骸骨，並提出了一些新見解。1795年（法國大革命最混亂的時期已經過去），居維葉加入了位於巴黎的國家自然歷史博物館，成為當中一名研究員。

骸骨與化石

居維葉在博物館研究來自世界各地的動物標本，包括現代的大象頭骨和古代大象的化石。他發表了一篇研究論文，內容是透過比較現代大象的牙齒和長毛象的牙齒化石後，他認為牠們根本是兩種完全不同種類的動物，而且長毛象已經絕種了。他是第一位發現和證明史前哺乳類動物的骸骨化石和現代哺乳類動物的骸骨並不一樣，以及該種化石所代表的動物已經絕種。在那個時代，這是一個革命性的看法，因為大部分歐洲人相信動物和人類都是由上帝創造，而且一直存活到現在。

大災難

居維葉認為，在地球歷史上一定曾經出現過一連串的大災難，才會引致生物絕種。他的看法有一定的道理，例如殞石撞擊地球和火山爆發確實會引致生物絕種，但也有不對的地方，例如他相信生物不會改變，一些生物會自然絕種。他的朋友拉馬克（見第24頁）不同意這看法，還有達爾文（見第8頁）也對這看法持反對意見。1832年，居維葉逝世，而達爾文當時也正在進行他的發現世界之旅，思考物種演化的問題。

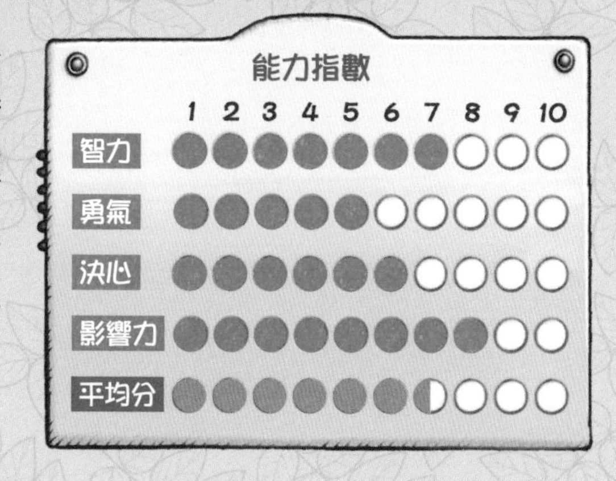

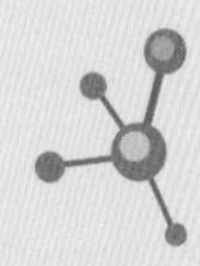

延伸知識

絕種巨無霸

你或許會對這個說法感到驚訝：曾經在地球上存在過的動物，當中99%都已經絕種了！原來在地球歷史上出現過幾次大量動物滅絕事件，牠們因為不能適應地球瞬間變化的環境而死亡。不幸的是，人類也是造成其中一些環境轉變的元兇。下面是數以千計已絕種的其中6種動物，保證令你大開眼界。

嘟嘟鳥

已絕種的嘟嘟鳥非常有名！牠們生性和平，住在毛里裘斯的小島上，自從1600年代，歐洲人登陸這個小島後，嘟嘟鳥便絕種了。一般相信， 是歐洲人帶去的動物把牠們殺死的。

象鳥

象鳥可能是曾經存活的鳥類中體形最大的一種鳥類。牠們生性和平，不懂飛翔，住在馬達加斯加的小島上，直至1600年代為止。牠們的身高超過3米，重量接近0.5公噸！牠們生下來的蛋重約10公斤，是目前發現到最重、最大的鳥蛋。

劍齒虎

劍齒虎是貓科動物，擁有尖而鋒利的犬齒，可長達20厘米！可怕的是，牠們與人類的祖先在1萬年前生活在同一時期。

巨犀

現存最大的陸上動物是非洲象，但已絕種的巨犀體形更大。一般相信，巨犀的重量約是非洲象的4倍！有科學家指出，巨犀大約在2,000萬年前絕種，而現存的犀牛跟牠們是近親關係。

巨齒鯊

現存的大白鯊身長可達4米，但在約250萬年前絕種的巨齒鯊卻比大白鯊最少長3倍！巨齒鯊是目前人類認知中，曾經存活的體形最大的鯊魚（但或許有一天，科學家會發現更大的鯊魚化石）。

泰坦巨蟒

如怪獸般的泰坦巨蟒大約在6,000萬年前出現。牠身長約14米，是目前我們認識到曾經存活的體形最大的蛇。跟現存的南美洲或非洲巨蟒一樣，泰坦巨蟒可以捲曲身體把獵物殺死。

創立無脊椎動物學的
拉馬克

讓－巴蒂斯特．拉馬克（Jean-Baptiste Lamarck，1744年－1829年）是一位自學成功的植物和昆蟲專家，對動物演化提出了自己的一套理論。

植物專家

1744年，拉馬克在法國北部出生，曾經加入軍隊，後來因傷退役，轉到銀行當文員。在銀行工作期間，他修讀醫學和植物學。1778年，拉馬克出版了一本關於法國植物的著作，內容大獲好評，因而被公認為植物學專家。其後，拉馬克在巴黎植物園任職助理植物學家。

昆蟲和蠕蟲

1793年，巴黎植物園升格為國家自然歷史博物館，並選出了12位教授負責管理不同範疇。拉馬克被委任為昆蟲及蠕蟲學教授，但當時的他對昆蟲及蠕蟲一無所知。經過一番研究後，拉馬克發現世界上有很多不同種類的昆蟲及蠕蟲，還有「無脊椎動物」（invertebrates，拉馬克發明的名詞）。拉馬克覺得這學科非常有趣，而且相當重要，有必要進行深入研究。他嘗試把不同種類的生物分類，包括甲殼動物（例如螃蟹和龍蝦）、節肢動物（例如蜘蛛）等。

演化理論

拉馬克對動物的演化提出了一些有趣的理論。他相信動物的行為可以改變牠們的身體特徵，例如長頸鹿不斷伸長脖子來觸及更高的樹枝，就會令下一代的脖子更長。然而，拉馬克把遺傳機制想得過於簡單，物種的演化主要是為了更有利於牠們的生存，並非只靠個別動物在生存的短短十數年間對自己身體的改變就可以影響下一代，而且基因是影響下一代身體特徵的關鍵，但動物行為未能直接導致基因轉變，所以拉馬克的理論並不正確。拉馬克的理論只有一部分是正確的，便是動物隨時間演變是源於環境的變化。可憐的拉馬克雖然是一位出色的科學家，但他一生沒有得到什麼名譽和財富，生活窮困潦倒，最後於1829年逝世。

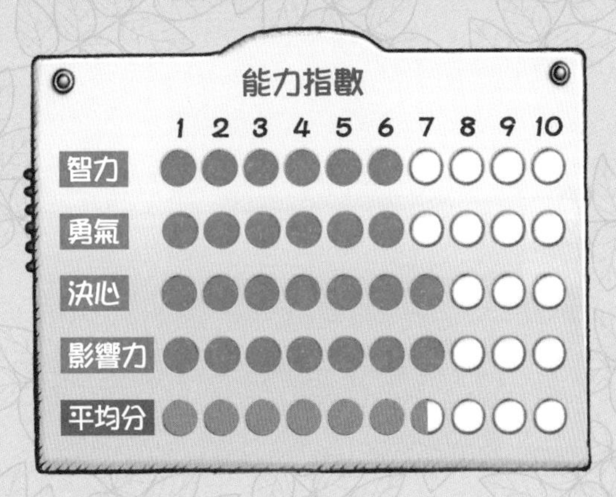

現代生物分類學之父

林奈

卡爾．林奈（Carl Linnaeus，1707年－1778年）把數以千計不同的生物分門別類，他所創立的分類方法沿用至今。

對植物的熱誠

林奈於1707年在瑞典出生。他從小已對植物有濃厚的興趣，所以長大後決定修讀可以讓他研究不同植物的醫學（距今300多年前，當時的人都使用植物作醫療用途）。畢業後，林奈成為了烏普薩拉大學植物學系講師。

複雜的番茄

林奈於1730年代開始到處遊歷，研究植物、動物和醫學。他到過拉普蘭、英格蘭和荷蘭，寫下不少新的生物學分類方法，包括以「雙名法」為植物命名，例如番茄的舊學名是*Solanum caule inermi herbaceo, foliis pinnatis inciss, racemis simplicibus*（拉丁文），而林奈則把它簡化為*Solanum lycopersicum*（第一個字是屬的名字，第二個字是種的名字）。

簡易的生物學分類系統

接着，林奈用他的新方法把動物分類，包括人類。他把人類的學名定為*Homo Sapiens*或是「wise man」（有智慧的人）。此外，他把大自然分為三大王國，分別是動物、植物和礦物，然後再分為綱、目，繼而進行更細緻的分類。由於林奈的生物分類方法比較合理，因此當時很多科學家都採用了他的方法，而且沿用至今。

創造了數以千計的動植物名稱

林奈除了用新的分類方法簡化動植物的學名，為後世科學家帶來極大的方便外，他還身兼數職，包括：醫生、教授學生醫學和植物知識的大學講師、撰寫關於瑞典動植物書籍的作者，十分厲害！林奈也是第一批留意並記錄食物鏈的科學家。食物鏈是表示物種之間的食物組成關係，例如植物會給某些動物吃掉，那些動物又會被食肉動物吃掉，食肉動物又會被其他更強的食肉動物吃掉，如此類推。還有，林奈也留意到動物、植物和環境的互動關係，但他最大的貢獻是他創立的現代生物分類學方法。直到林奈在1778年逝世時，他已經為數千種動植物分類改名了。

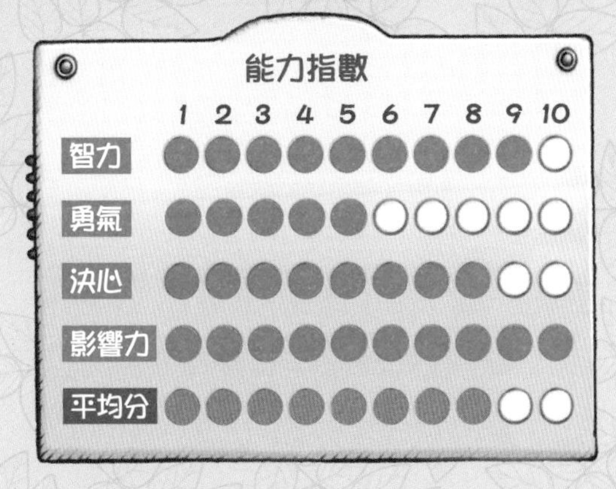

瀕危野生動物守護者

達雷爾

傑拉爾德．達雷爾（Gerald Durrell，1925年－1995年）是一位作家和保育人士，一生喜愛研究動物，為保育動物而建立了一個另類動物園。

從印度到英國

達雷爾在印度的賈姆謝德布爾出生，父母是英國人。1928年，達雷爾3歲時，父親過世，母親便帶着他和他的3個兄弟姊妹搬回英國居住。達雷爾在英國讀書，但他不喜歡上課，於是常常裝病缺課。

科孚島上的生活

後來，達雷爾的哥哥與妻子搬到希臘的科孚島上居住，而達雷爾一家也於1935年搬過去。這次，達雷爾在家中接受教育，但他真正用心學習的是研究島上的生物，包括蜥蜴、蝙蝠、蝴蝶、甲蟲、八爪魚、蠍子和烏龜。其後，他把自己在科孚島上的見聞寫成一本書，名

為《我的家人和其他動物》（*My Family and Other Animals*），風行全球。

動物園管理員

第二次世界大戰爆發時，達雷爾舉家搬回倫敦，並在寵物店找到了一份工作。二戰結束後，達雷爾在動物園當初級管理員，但工作了沒多久便辭職，開始到處遊歷。他喜愛研究動物，特別是非洲的動物。在遊歷期間，達雷爾也會捕捉野生動物賣給動物園，直到一天，他有一個新的想法——經營自己的動物園。

另類動物園

由於達雷爾缺乏資金創辦動物園，所以他開始寫書掙錢。他的著作非常暢銷，終於讓他有足夠資本創辦動物園。達雷爾認為，動物園應該扮演保育角色，保護瀕臨絕種的野生動物。他把他的動物暫時留在姊姊家中的花園內，直至在澤西島上找到一處地方適合建立動物園。1995年，達雷爾逝世，但他的動物園仍然存在，現在稱為達雷爾野生動物園。這個動物園拯救了很多瀕臨絕種的動物，包括低地大猩猩。

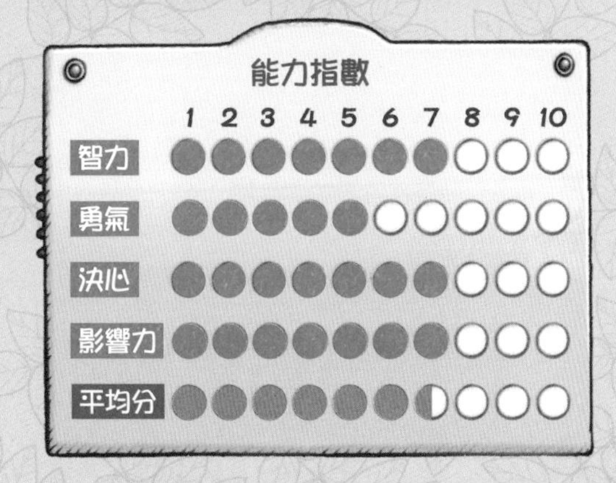

與達爾文想法不謀而合的

華萊士

阿爾弗雷德·羅素·華萊士（Alfred Russel Wallace，1823年－1913年）是一位探險家、收藏家和博物學家，他創立自己的理論，解釋了動物如何演化。

探險之旅遇到意外

1840年代，華萊士在英格蘭擔任教師。當他讀到達爾文和洪堡德（見第8頁和第52頁）的著作，看到他們談及南美洲之旅的點滴，便決定自己也要開展同樣的旅程。華萊士並不富有，為了支付旅費，他四處搜集動物標本，然後賣給博物館和收藏家。他花了4年時間在南美洲，搜集了數以千計的雀鳥、甲蟲和蝴蝶標本。但是，他在回程時遇上了意外：他乘坐的船隻沉沒，所有筆記和標本也失去了。幸運的是，船員和乘客全部獲救，而且安全回到了英格蘭。這次意外並沒有令華萊士退縮，他很快便再次踏上旅程。

靈機一觸的想法

華萊士來到馬來羣島後，花了8年搜集超過100,000個標本，當中逾5,000種是科學文獻上從來沒有記錄過的。華萊士在搜集標本時留意到物種的

差異和改變，於是開始思考這個問題。令人意外的是，這個難解的問題的答案竟是在他染上嚴重瘧疾需要休養期間想通的！

不謀而合的想法

華萊士的想法和達爾文的很相近：動物會隨着時間而改變，當該種動物的某些特徵能令牠們更適應居住環境，從而令牠們活得更久，牠們便會把那些特徵傳給下一代。當華萊士寫信給達爾文告訴他這個想法時，達爾文感到非常驚訝，因為他沒有跟別人談及過自己的想法，更沒想過有人跟他研究了多年的理論如此相近。

華萊士並不有名

雖然華萊士對「演化論」的貢獻也不少，但他不像達爾文般有名，主要是達爾文的理論更詳盡，證據也更充分。華萊士沒有妒忌達爾文，反而成為了他其中一個最大的支持者。1913年，華萊士逝世。他一生出版了超過20本著作，包括《馬來羣島》（*The Malay Archipelago*），記錄了他在島上的經歷。

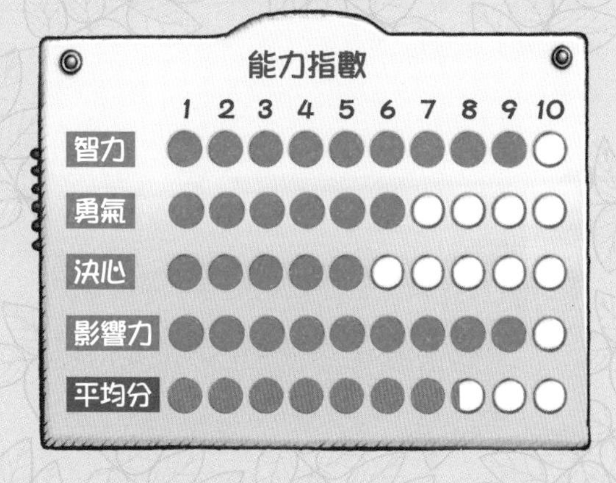

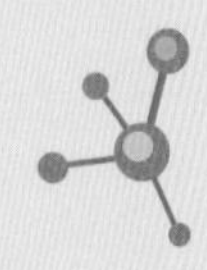

延伸知識

生物的演化

華萊士和達爾文一同想到物競天擇的「演化論」，究竟這套理論的內容是什麼呢？以下是「演化論」的簡單版本：

1. 生物誕下的下一代數量，一定要比能夠存活下來的數量多，避免因被獵殺，或饑荒、疾病等原因而導致絕種。
2. 同一物種之間的不同羣體，在外貌、特徵等方面未必完全相同，各有微小的差異。
3. 這些微小的差異會遺傳給下一代。華萊士和達爾文不清楚這個遺傳機制是如何發生的，但今天我們已知道，生物會繼承父母的遺傳基因。
4. 生物需要不斷掙扎求存（見第1點），只有能存活下來並成功繁殖下一代的生物，才能夠把那些微小的差異傳給下一代。
5. 隨着時間過去，那些對生物生存有利的微小差異會變得普及，因為只有那些活得較長時間的生物才能夠長大，並繁殖下一代；而且，壽命較長的生物一般能夠繁殖更多下一代，生物的數量也會因為這模式而逐漸演化。
6. 經過一段長時間，生物會出現比較明顯的變化，例如一隻手可以演化成為翅膀或鰭。

生物演化時間表

植物和動物經過多年演化而成為今天的模樣，從黃色水仙花到犀牛，以至今天的你也是如此。

約36億年前	最簡單的單一細胞生物出現。
約20億年前	較複雜的多細胞生物出現。
約10億年前	更複雜的多細胞生物出現。
約6億年前	最早的多細胞動物出現。
約5.42億年前	寒武紀時期，大量新生命湧現。
約4.88億年前	奧陶紀時期，另一次大量新生命湧現。
約4.5億年前	陸地上第一次出現植物和菌類。
約4.43億年前	第一次生物大滅絕，大量物種死亡。
約3.59億年前	第二次生物大滅絕。
約2.5億年前	第三次生物大滅絕，是已知的歷史上最大規模的生物滅絕，約95%物種滅亡。
約2.3億年前	恐龍出現。
約2.08億年前	第四次生物大滅絕（滅絕規模最小）。
約2.05億年前	哺乳類動物出現。
約1.3億年前	會開花的植物出現。
約6,500萬年前	第五次生物大滅絕，恐龍滅亡。
約5,500萬年前	靈長類動物出現。
約3,500萬年前	更多現代哺乳類動物出現。
約600萬年前	人類最早期的祖先出現。
約20萬年前	現代人類出現。

為近萬種昆蟲命名的

法布里丘斯

約翰·克里斯蒂安·法布里丘斯（Johan Christian Fabricius，1745年－1808年）是一位昆蟲專家，曾把近萬種的生物分門別類和命名。

為生物分類

1745年，法布里丘斯在丹麥的岑訥出生，長大後入讀瑞典烏普薩拉大學，跟隨林奈教授（見第26頁）學習了2年。林奈喜歡鑽研生物分類的方法，他的熱情感染了法布里丘斯，使他對分類動物和植物也產生興趣，其後更建立了自己一套的昆蟲分類方法。法布里丘斯的想法和林奈一致，認為準確地把生物記錄和分類，便有助明白大自然如何運作。

昆蟲的生命

法布里丘斯認為昆蟲是非常奇妙的生物：牠們的骨骼外露於身體，有些昆蟲會生產蜜糖和絲，有些能夠發出響亮的叫聲，有些可以在水上行走，而且昆蟲的數量比地球上其他生物要多，所以法布里丘斯對昆蟲十分着迷。1760年代，法布里丘斯開始為不同的昆蟲進行分類，並把他的分類成果寫成書，於1775年出版。在那本書中，他為近萬種昆蟲命名。法布里丘斯的著作除了和昆蟲有關外，也有關於經濟學的，但數量不多。

工作、研究和寫書

自1775年起直至他逝世，法布里丘斯都在英國基爾大學當自然歷史學系和金融學系的教授。他會在工餘時間研究昆蟲，以及參觀其他科學家搜集到的生物，例如約瑟夫．班克斯（Joseph Banks）的收藏品。班克斯曾前往巴西、紐西蘭、澳洲等多處地方，把許多植物和昆蟲帶回來。那次參觀令法布里丘斯大開眼界。在法布里丘斯晚年時，他前往法國拜訪居維葉（見第20頁），觀賞到多塊珍貴的化石，令他留下深刻印象。1808年，法布里丘斯逝世。在這之前，他撰寫了10本關於昆蟲的書籍和留下了一套昆蟲分類方法，至今仍然被沿用。

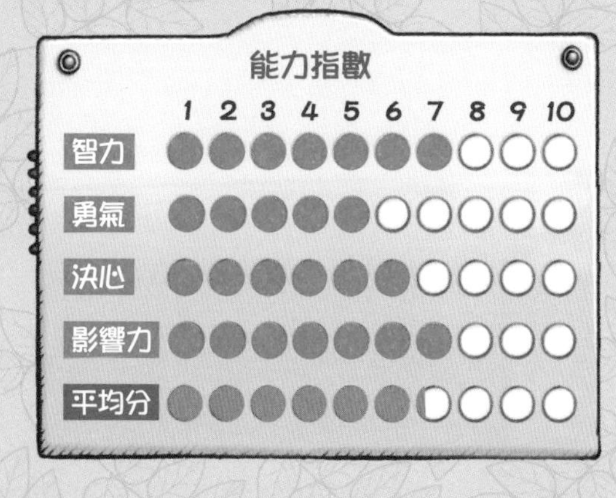

拯救瀕臨絕種大猩猩的

福西

黛安．福西（Dian Fossey，1932年－1985年）在盧旺達的森林裏研究瀕臨絕種的山地大猩猩，並竭力保護牠們。

非洲森林探險之旅

福西出生於美國，從小喜愛動物，尤其是馬匹，但是她的第一份工作是職業治療師，幫助有缺陷的人能夠獨立地正常生活和工作。1963年，31歲的福西決定拿出所有積蓄，同時向朋友借了點錢，開展為期7個星期的非洲之旅。這次旅程之後，她的人生發生了重大轉變。福西和一個導遊一同出發，那名導遊帶她到一些研究非洲野生動物最佳的地方，包括剛果的米肯諾山，山上住着珍稀的山地大猩猩。此後，福西便對山地大猩猩產生濃厚的興趣。當福西來到坦桑尼亞時，有一次她不小心摔倒在一個正在挖掘長頸鹿化石的考古基地裏，並遇上了人類學家路易斯．李奇（Louis Leakey)。福西感到很抱歉，但李奇沒有怪責她，還告訴她關於珍古德（見第10頁）與黑猩猩相處的故事。

以森林為家

福西回到美國後，很快又返回非洲。這次，她留在非洲的研究基地長達18年。期間，她一邊跟隨李奇學習，一邊研究大猩猩。1967年，福西

以大刀砍開盧旺達森林裏茂密的枝葉，開闢出一條路徑，建立了偏遠的卡里索凱研究中心。她採用了珍古德和高爾迪卡（見第46頁）的方法，透過餵飼和照顧大猩猩以贏取牠們的信任。福西除了觀察大猩猩的生活外，還研究牠們的叫聲，包括尖叫聲和打嗝的聲音，並學習以這種方式跟牠們溝通。

出版《迷霧中的大猩猩》

福西很重視保育瀕臨絕種的大猩猩，避免牠們受非法狩獵者殺害。1983年，她出版了《迷霧中的大猩猩》（*Gorillas in the Mist*），內容是關於她研究大猩猩的經歷和成果，並談及保育大猩猩的迫切性，讓人們知道大猩猩正面對的危機。這本書引起了很大迴響，還被拍成電影。珍古德認為，假如沒有福西，世界上可能再沒有山地大猩猩了。不幸的是，福西於1985年被謀殺，案件至今未被偵破。

雖然如此，福西的保育工作一直以黛安·福西大猩猩國際基金的方式進行至今。

能力指數

	1	2	3	4	5	6	7	8	9	10
智力	●	●	●	●	●	●	●	●	○	○
勇氣	●	●	●	●	●	●	●	●	●	○
決心	●	●	●	●	●	●	●	●	●	○
影響力	●	●	●	●	●	●	●	●	○	○
平均分	●	●	●	●	●	●	●	●	◐	○

微生物學之父

雷文霍克

安東尼．范．雷文霍克（Antonie van Leeuwenhoek，1632年－1723年）透過觀察一個極微小的世界，為生物學帶來了很多重要發現，因此有「微生物學之父」的稱號。

自製高倍放大鏡

雷文霍克本來是一個織造布匹的學徒，後來在他的家鄉荷蘭台夫特成為買賣布匹的商人。那時候，商人都愛用放大鏡來檢查布匹。雷文霍克一定是對放大的事物很感興趣，這從他學習自己製造鏡片可以知道。他製造了超過500個結構簡單的顯微鏡，但質素比當時一些較複雜的顯微鏡更高，因為他的顯微鏡比一般的顯微鏡可以放大物件多200倍！

聯絡皇家學會

雷文霍克對使用他的顯微鏡來檢查布匹不感興趣，反而用它來觀察其他事物，包括牙縫的殘渣和蜜蜂的尾針。雷文霍克僱用畫家把他從顯微鏡中觀察到的東西全部畫下來，然後撰寫科學筆記，再把這些圖畫和資料，寄到當時最頂尖的科研機構——皇家學會。

發現微生物

雷文霍克是第一位記錄單一細胞生物的人，他把這些生物稱為「微生物」（animalcules）。雷文霍克應該對骯髒的東西不會感到噁心，因為他找來兩個從來不刷牙的老人，然後用顯微鏡研究他們牙縫裏的殘渣，發現原來牙齒上有很多非常有趣的生物 —— 今天我們稱為「細菌」的東西。最初，當雷文霍克把他的發現告訴別人時，沒有人相信他，甚至譏笑他，但雷文霍克用事實證明他們全都錯了！

建立微生物學

到了1600年代後期，雷文霍克對微生物學的研究令他漸漸被更多人認識，連當時的名人，如俄羅斯沙皇彼得大帝，以及其後成為英格蘭國王的威廉三世，也專誠親自拜訪雷文霍克，一睹他的偉大發現。雷文霍克並沒有因為名聲漸大而驕傲，依然醉心於用顯微鏡觀察不同的事物。他發現的微生物包括：微細的蠕蟲（稱為「線蟲」）、精子、血細胞、肌纖維和細菌。雷文霍克於1723年逝世，他建立的微生物學雖然還在起步階段，但已經趨向穩定發展。

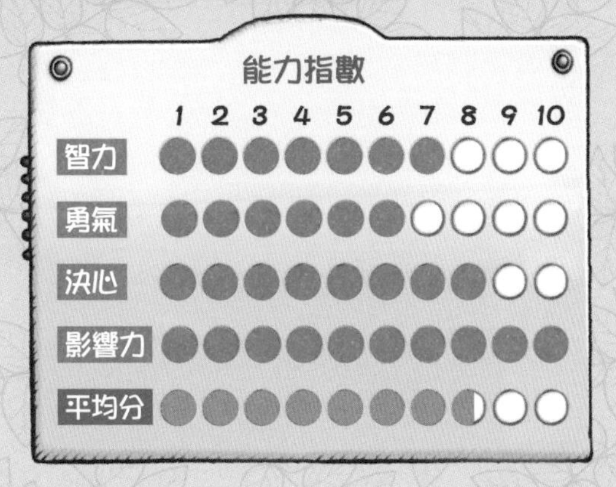

與食人族做朋友的

奇斯曼

伊芙林．奇斯曼（Evelyn Cheesman，1881年－1969年）是一位昆蟲學家，也是一位勇敢的探險家！

成為動物園園長

1881年，奇斯曼在英格蘭根德郡的農村出生。她喜愛捉蟋蟀和青蛙，希望將來能夠成為一名獸醫。不幸地，當時皇家獸醫學會不准許女士加入。奇斯曼轉了幾份工作後，在機緣巧合下認識了身兼昆蟲學教授和倫敦動物園園長兩職的哈羅德．麥斯威爾－勒弗羅伊（Harold Maxwell-Lefroy），並在的他協助下開始研究昆蟲。在1917年，勒弗羅伊聘請奇斯曼為倫敦動物園昆蟲館助理館長。1920年，奇斯曼成為了倫敦動物園的第一位女性園長。

豐富昆蟲屋的收藏

在奇斯曼成為昆蟲館館長時，昆蟲屋內幾乎還是空空如也，於是她拿着網，跟一些熱心的小朋友一起四處捕捉昆蟲。不久，昆蟲屋內便充滿了不少英國本土昆蟲。其後，她還在倫敦的蔬果市場香蕉果盒裏發現了更多奇異的昆蟲！昆蟲屋的成功，令奇斯曼打消成為獸醫的念頭，儘管當時英國已經容許女士當獸醫。

探險之旅

1924年，奇斯曼跟一班昆蟲學家出發，前往太平洋的加拉帕戈斯羣島上考察，這是她的探險之旅開端。在1920年代至1930年代，奇斯曼多次到不同地方考察，帶回超過70,000隻昆蟲、爬蟲動物和兩棲動物，有些更從來沒有在科學文獻上出現過。奇斯曼富有冒險精神，雖然有人告訴她南太平洋一帶十分危險，不適宜女士前往，但她仍堅持出發，而且她的收穫豐富。無論她跑到什麼地方，都能和當地的原住民成為朋友，哪怕對方是食人族（曾有一個部族送給她一大堆禮物，並承諾以後不會食人）。在旅程中，她遇上的最大危險應是熱帶疾病，以及水蛭（或稱螞蟥）引起的痛症。有一次，她更在自己喝水的茶壺中發現一隻水蛭！

旅程的終點

奇斯曼的最後一次探險是在她73歲的時候。她抵達了斐濟附近的一個小島，搜集了約10,000隻昆蟲。回國後，她繼續發表研究論文和寫書，內容都是關於她的探險旅程、昆蟲研究等。她的第16本書是在她逝世（1969年）前4年出版。

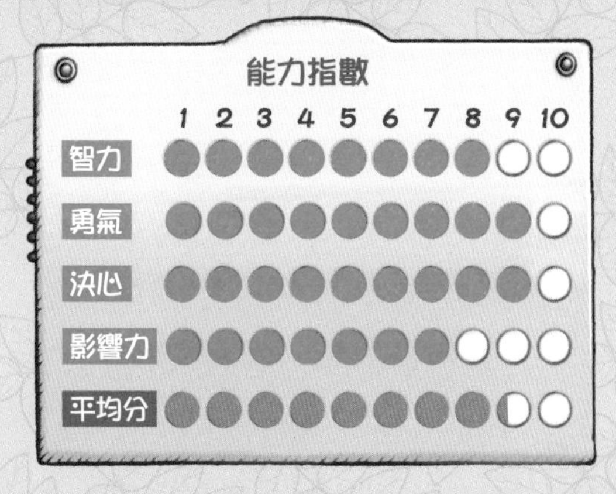

小遊戲

「毛管戚」小測試

你認識多少令你「毛管戚」的蟲子呢？快來接受以下的挑戰吧！

1. 柄翅卵蜂是目前發現的世界上最細小的昆蟲，牠的身體長度是多少呢？
   A. 少於0.5厘米
   B. 1毫米
   C. 少於0.5毫米

2. 以下句子的描述正確嗎？
   一種名叫巨沙螽*的昆蟲可以一口咬斷一根胡蘿蔔。

3. 下列哪一種昆蟲可以令大量人口死亡？
   A. 蟑螂
   B. 蚊子
   C. 以色列金蠍

4. 俄羅斯發現了一種新型蜈蚣，牠的腿的數量是全球之冠，你知道這種蜈蚣有多少條腿嗎？
   A. 106
   B. 306
   C. 750

*螽：粵音鐘。

5. 下列哪一種蜘蛛對人類最危險？

A. 紅背蜘蛛

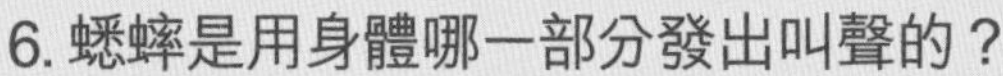

B. 巴西流浪蜘蛛

C. 巨人食鳥蛛

6. 蟋蟀是用身體哪一部分發出叫聲的？

A. 翅膀

B. 口

C. 腿

7. 蜘蛛有多少隻眼睛？

A. 8

B. 6

C. 品種不同便有不同的數量

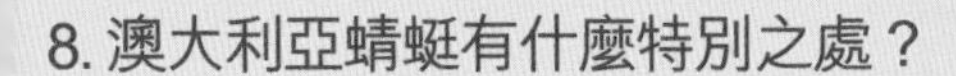

8. 澳大利亞蜻蜓有什麼特別之處？

A. 世界上最耐熱的昆蟲

B. 世界上飛得最快的昆蟲

C. 世界上唯一一隻不懂飛行的昆蟲

答案：

1. C　目前發現的柄翅卵蜂身長約0.25毫米至0.13毫米。
2. 正確。巨沙螽的身長可達10厘米，曾有人試過餵牠吃胡蘿蔔。
3. B　透過蚊子傳播的瘧疾，每年可引致100多萬人死亡。
4. C　蜈蚣又名百足蟲，但並非所有蜈蚣有100條腿，一般蜈蚣都只有40條腿。
5. B　牠是全球最毒的蜘蛛，有時潛伏在一串香蕉上，被咬一口足以致命。
6. A　蟋蟀透過摩擦翅膀發出聲音。
7. C　蜘蛛的眼睛可以多達12隻，也有的沒有眼睛。
8. B　澳大利亞蜻蜓短距離的衝刺速度可達每小時58公里。

記錄鯨魚歌聲的

佩恩

羅傑・佩恩（Roger Payne，1935年－）發現鯨魚世界極為吸引，他在研究鯨魚之餘，也負起保育鯨魚的重任。

研究夜間動物世界

1935年，佩恩在美國紐約市出生，曾經研究在晚間活動的動物怎樣在黑暗環境中尋找食物，最後發現蝙蝠依靠回聲定位，貓頭鷹則依靠超強的聽力。佩恩認為這是一份有趣的工作，但因他對研究聲音特別感興趣，而且也想為保護環境盡一分力（當時人們肆意捕殺鯨魚，用作製造寵物的食物、化妝品和香油），於是決定轉為研究鯨魚。

鯨魚的歌聲

1960年代後期，佩恩開始研究鯨魚，而研究對象則是重達40公噸，長達18米的巨型座頭鯨。他發現座頭鯨會在5分鐘，以至半小時內重複出現相同的呼叫模式，就像人類唱歌時那樣。還有，座頭鯨的聲音結構就跟人類的音樂一樣——具節奏、結構和主題（一條座頭鯨會在數分鐘內不斷發出同一個聲音，即重複同一個短語，科學家稱這個短語為一個主題）。除了人類外，座頭鯨的叫聲是所有動物中最長和最複雜的，佩恩認為，研究鯨魚的歌聲有助人類重新認識這龐然大物。

拯救鯨魚

1970年，佩恩把錄下來的鯨魚歌聲製成唱片，名叫《座頭鯨之歌》（*Songs of the Humpback Whale*），成為了當時最暢銷的有關大自然的唱片，令更多人加深對鯨魚的認識。此外，佩恩也開展了「拯救鯨魚運動」，令很多鯨魚免遭人類捕殺。1971年，佩恩創立「海洋聯盟」，致力保護鯨魚和海洋。佩恩一直從事研究鯨魚和有關的保育工作。今天，座頭鯨的數量已開始回升了。

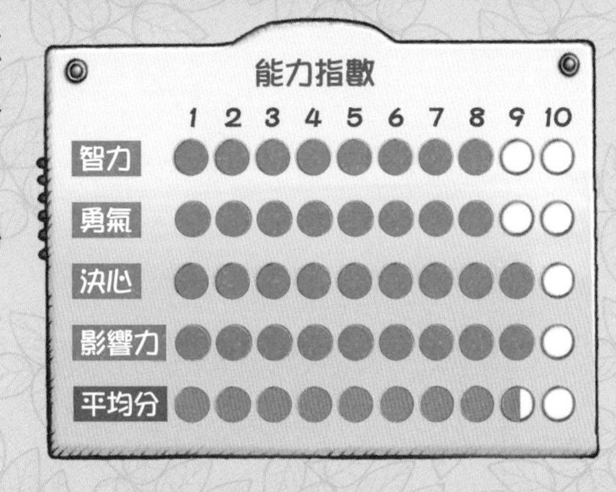

為紅毛猩猩作戰的

高爾迪卡

蓓魯特·高爾迪卡（Biruté Galdikas，1946年－）是研究紅毛猩猩的世界權威專家。她花了超過40年時間研究紅毛猩猩，並致力為牠們改善生活環境。

熱愛靈長類動物

高爾迪卡於1946年在德國出生，其後跟隨父母遷往加拿大居住。高爾迪卡自小就希望成為一名探險家，而在她升讀大學後，就開始對動物學，尤其是猴子和猿產生了濃厚的興趣。1969年，她在英屬哥倫比亞大學攻讀人類學研究生課程時遇上路易斯·李奇（Louis Leakey）博士，在他們傾談期間，高爾迪卡發現了自己的新路向，決定全力研究紅毛猩猩。那時候，李奇已經資助珍古德（見第10頁）研究黑猩猩，也資助了福西（見第36頁）研究大猩猩，但高爾迪卡還是說服了李奇資助自己開展在婆羅洲的紅毛猩猩研究。

觀察紅毛猩猩

1971年，當高爾迪卡開始研究紅毛猩猩時，人們對紅毛猩猩認識並不深，更未曾在野外研究過這種動物。在高爾迪卡剛抵達婆羅洲的森林時，她要設法應付非法狩獵者、水蛭、咬人的昆蟲和茂密的叢林，但她還是成功建立了「李奇研究營」，正式展開了對紅毛猩猩的研究工作。高爾迪卡記錄了紅毛猩猩的社會結構、喜愛的食物、出生率，而最重要的是，她留意到牠們不斷萎縮的棲息地。

為紅毛猩猩作戰

高爾迪卡為避免紅毛猩猩的棲息地受到騷擾，更和伐木工人、採礦工人和棕櫚園的工人據理力爭。她住在森林觀察紅毛猩猩超過30年，致力捍衛森林的完整和保護那裏的猿類，同時拯救被捕捉的紅毛猩猩幼兒，讓牠們逃過被捉走成為人類寵物的命運。

拯救紅毛猩猩

1986年，高爾迪卡成立國際紅毛猩猩基金會，致力保護紅毛猩猩和牠們的棲息地。紅毛猩猩至今仍然是瀕臨絕種的動物，假如人類輕視對牠們的保育工作，那麼在未來20年內，紅毛猩猩將會絕種了。

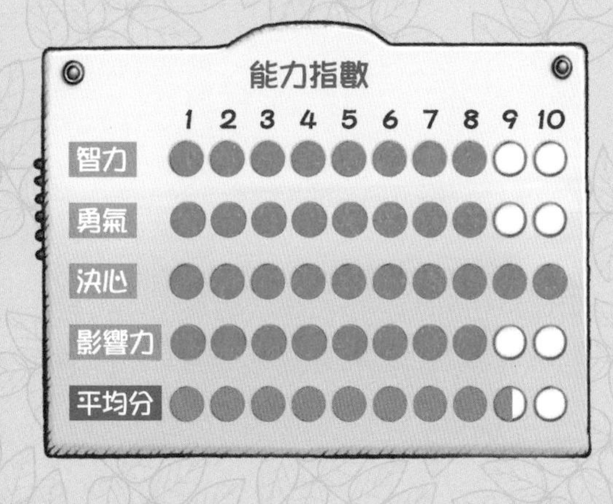

與鯊魚為伴的
克拉克

尤金妮．克拉克（Eugenie Clark，1922年－2015年），人稱「鯊魚女士」（Shark Lady），喜愛潛進熱帶海洋裏研究有毒的魚類和鯊魚的行為。

研究海洋生命

克拉克出生於美國，小時候就喜歡參觀水族館。她更會盯着鯊魚館，想像在裏面游泳會是什麼感覺。長大後，她修讀動物學，對魚類仍然很有興趣。1949年，27歲的克拉克參加了一個考察之旅，目的地是南太平洋的密克羅尼西亞羣島。她潛進水裏研究各種魚類，包括鯊魚，後來還用她這次的親身經歷寫成她的第一本著作《手握長矛的女人》（*Lady with a Spear*）。克拉克的第二個目的地是埃及的紅海海岸，並在當地的海洋生物研究所進修。

與鯊魚做朋友

在克拉克研究鯊魚之前，人們普遍認為鯊魚是可怕的殺人機器。後來，克拉克發現了一種名叫豹鰨*的魚，牠的皮膚能分泌毒

*鰨：粵音塔。

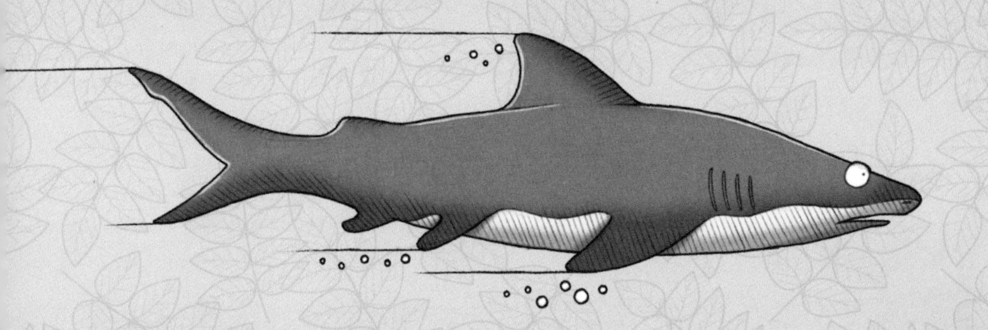

液，而這毒液正是鯊魚的剋星，可以給潛水人員使用。對克拉克而言，鯊魚一點也不可怕，她花了大量時間釐清人們對鯊魚的誤解。雖然克拉克半生也和鯊魚在一起，但從來沒有被鯊魚攻擊過，反而有一次，她被一條死去的鯊魚弄傷……事情是這樣的，當克拉克駕車準備上課時，車內的一個虎鯊標本從座位上掉下撞向儀表板，她伸手想阻止卻被虎鯊標本的牙齒「咬傷」，留下了一道彎彎的牙印！

「游」遍世界

　　克拉克花了超過40年時間在全球的熱帶海洋潛水，研究各種魚類。她發現了幾種新的魚類，這些新品種都以她的名字來命名，但人們最記得的還是她對鯊魚研究的貢獻。除了密克羅尼西亞羣島和埃及外，她也到過日本、澳洲、埃塞俄比亞和墨西哥潛水。克拉克還會在課堂、電視節目、書籍、文章中分享她的經歷，包括撰寫兒童圖書講述她的研究和體驗。她常常潛水，與鯊魚為伴，這種生活讓她活得長壽，直至2015年才逝世，終年92歲。

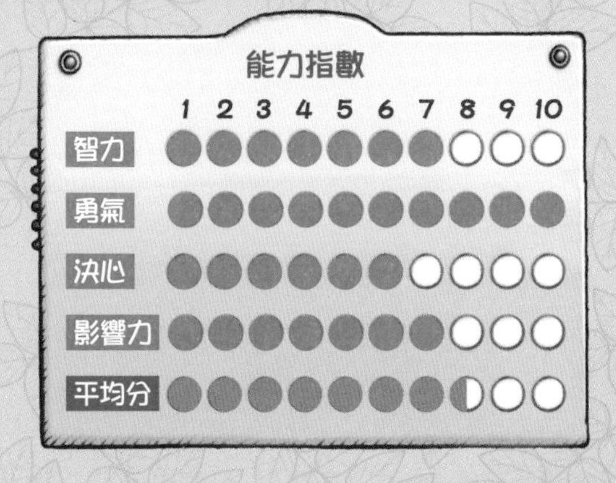

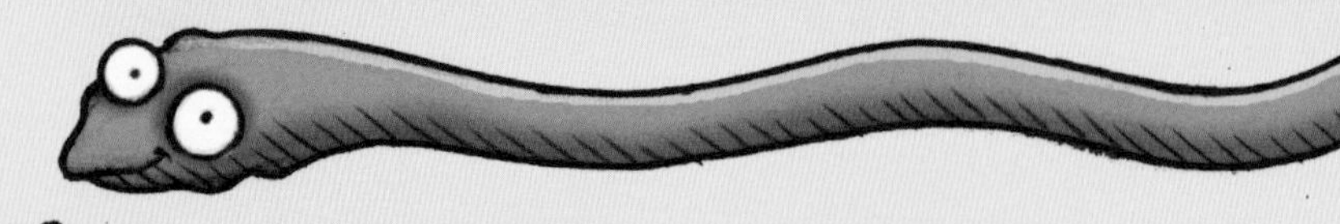

延伸知識

不可思議的海洋生物

許多科學家，例如克拉克，發現了一些令人驚訝不已的海洋生物，下次如果你到海邊去的話，可以想像一下海洋裏存在着的不同種類的奇異生物……

1. 目前發現地球上最長的蠕蟲名叫巨縱溝紐蟲，生活在北海（北大西洋的一部分）附近的地方。自有記錄以來，最長的巨縱溝紐蟲是在蘇格蘭海岸發現的，身長超過55米。

2. 地球上現存的最大的動物是藍鯨，平均身長24米，重約160公噸，就連舌頭也重約3公噸，約是一隻成年大象的重量！藍鯨的口腔內有鯨鬚，用來隔濾海水和食物。牠喜愛的食物是海中的浮游生物，例如磷蝦、小魚。

3. 長鬚鯨也叫脊鰭鯨，體形非常龐大，可以長達26米、重約80公噸。

4. 地球上最大的魚類，也就是最大的鯊魚——鯨鯊。目前所知的最大鯨鯊身長達12米，重約21公噸。鯨鯊的嘴巴非常寬大，鰓部的過濾器官可以過濾海水和食物，而海中的浮游生物、巨大的藻類等都是牠的美食。鯨鯊性情溫和，即使你不小心游進牠的口中，也不必擔心會被吃掉！

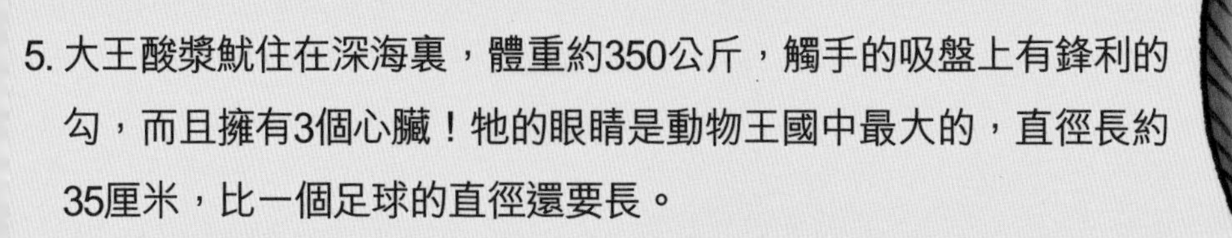

5. 大王酸漿魷住在深海裏，體重約350公斤，觸手的吸盤上有鋒利的勾，而且擁有3個心臟！牠的眼睛是動物王國中最大的，直徑長約35厘米，比一個足球的直徑還要長。

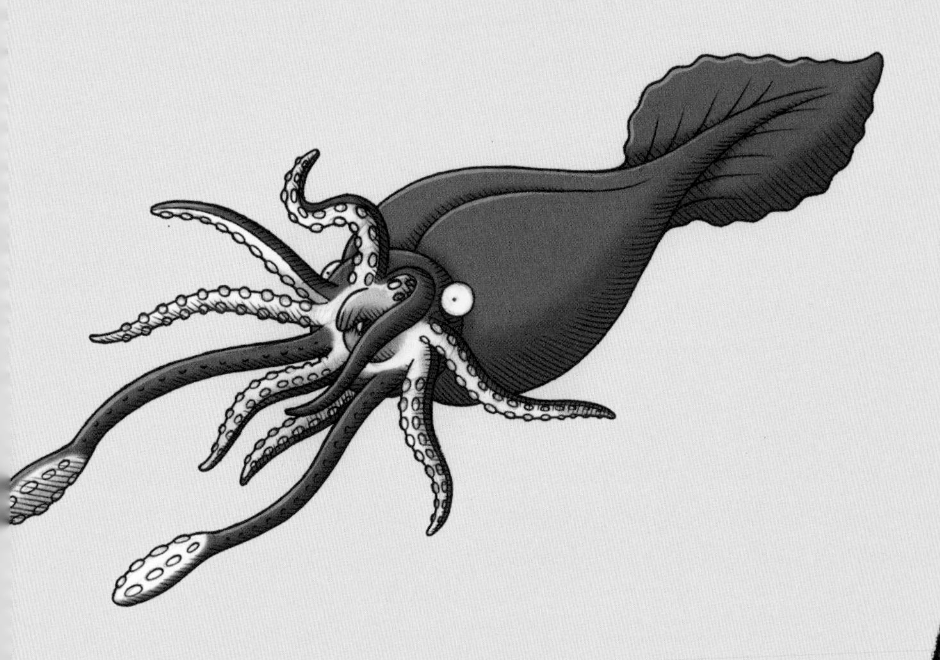

6. 你可能在石灘上見過巨大的蟹，但應該沒有見過外貌像蜘蛛一樣的日本蜘蛛蟹，牠們是世界上最大的蟹，生活在深海裏。牠們重達19公斤，最長的腿展開後約有4米長。

7. 大部分的海星如果斷掉一條觸手也可以重新長出新的觸手來，但原來有些海星即使只餘下一條觸手或身體的小部分，也可以自行重新長出整個身體來。

繪製全球第一幅等溫線圖的

洪堡德

亞歷山大·馮·洪堡德（Alexander von Humboldt，1769年－1859年）是著名的自然科學家，同時涉獵多個科目。他的成就更影響了現代的生物學、醫學、化學和物理學。

夢想成真

1769年，洪堡德出生於德國柏林一個富裕的家庭，從小就喜愛收集和標記各種植物、貝殼和昆蟲。他天資聰穎，學會了多種語言，還鑽研了地質學、解剖學和天文學。他常常夢想可以環遊世界進行科學探險，終於在1799年夢想成真，與他的朋友——法國植物學家埃梅·邦普蘭（Aimé Bonpland）開展了一個為期5年的探險之旅，目的地包括墨西哥、古巴和南美洲一帶。

勇敢的探險

洪堡德和邦普蘭到過熱帶雨林和草原探險，又爬上高山與火山，穿越河流，包括接近3,000公里的奧里諾科河（南美洲第三條最長的河流）。洪堡德把地形記下，同時搜集植物和動物，有些還是在西方科學文獻中沒有記載的，例如電鰻（洪堡德和邦普蘭曾在研究牠時輕微觸電）。他走過40,000公里，相當於環繞了地球一圈。

大自然的統合

隨後的20年，洪堡德把他在探險期間的發現和筆記重新整理好，然後出版成書，並用全新的方法表達科學數據，例如在地圖上把擁有相同溫度的地方用線連起來，讓人們可以比較不同緯度與溫度的關係。還有，在他之前，科學家並沒有清楚意識到物種與牠們生存環境之間的關係，但洪堡德知道這個想法是非常重要的。他用「大自然的統合」（Unity of Nature）一詞來形容他的理論，解釋了世界與植物和動物之間的聯繫。

恆久的遺產

對很多青年科學家而言，洪堡德是一位很好的老師。洪堡德曾與達爾文（見第8頁）互通書信，而達爾文也會把洪堡德的研究帶上「小獵犬號」，跟他一起展開探險之旅。還有，以洪堡德的名字來命名的植物將近300種、動物超過100種，包括百合、企鵝、臭鼬，還有地球上的河流、月球上的月海等，數量驚人。

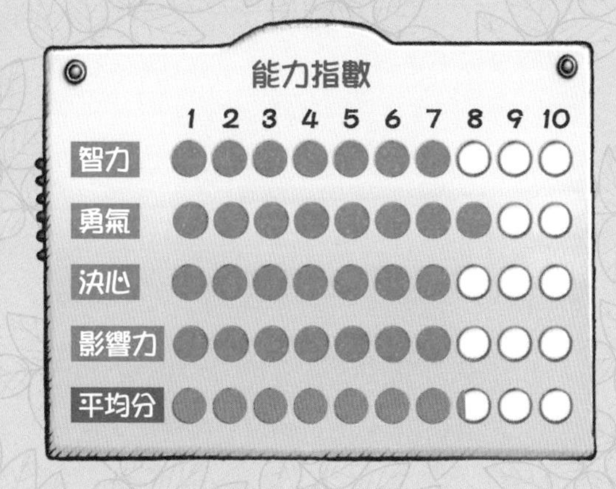

第一位到南極考察的生物學家

拉科維澤

埃米爾·拉科維澤（Emil Racoviță，1868年－1947年）是世界上第一位到南極進行研究的生物學家，後來改為研究洞穴內的生物。

從法律到蠕蟲

1868年，拉科維澤在羅馬尼亞出生，長大後到巴黎唸書。他最初修讀法律，但在取得學位後有了新想法，發現自己其實喜歡科學，所以他轉為攻讀自然科學，並取得了博士學位。1896年，拉科維澤完成了關於研究海洋蠕蟲的博士論文。其後，他被選中成為國際南極探險隊的一員。

南極探險

1897年，拉科維澤登上了「包積卡號」探險船，向南極洲出發。在船上，他認識的第一個朋友是一位挪威探險家，名叫羅爾德·阿蒙森（Roald Amundsen），他就是後來第一位到達南極點的人。在這次探險旅程中，拉科維澤負責搜集和記錄動物和植物的樣本。

生死一線

1899年，「包積卡號」返回歐洲。從學術研究方面來説，這次收穫非常豐富，探險隊第一次記錄了南極全年在每小時中的天氣情況，還出版了10份關於他們在南極所得出的科學發現的論文。然而，南極極端的天氣令探險隊付出了很大的代價——「包積卡號」曾撞上冰川，船員需要在6米深的冰川內挖掘出75米長的水通道，讓船隻可以繼續航行。這次意外導致兩位船員死亡，一位死於心臟病發，另一位掉進大海裏，而其他船員則患上了可怕的壞血病，致病原因是缺乏維他命C。

洞穴內的生物

拉科維澤回到歐洲後，也出版了關於他在南極研究的個人著作，但自此之後他再也沒有回到冰天雪地的南極了。後來，他開始研究洞穴生物，先後到過法國、西班牙、意大利，阿爾及利亞和斯洛維尼亞等超過1,000個洞穴探險。1919年，他成為了位於羅馬尼亞克盧日一間大學的生物學系系主任，並成立了世界第一間研究洞穴的學院。

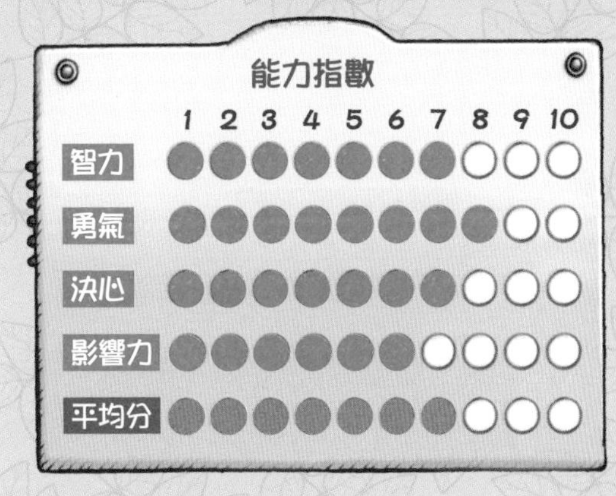

發現螞蟻溝通方法的

威爾森

愛德華·奧斯本·威爾森（Edward Osborne Wilson，1929年－）是研究螞蟻小世界的專家，但同時也留意大世界，致力推動保護環境的運動。

顯微世界

1929年，威爾森於美國出生，很喜歡研究動物，經常會到海邊尋找一些他認為樣子趣怪的動物。有一次，他釣魚時不小心把自己的一隻眼睛弄瞎了，於是他開始轉為研究螞蟻——因為可以使用放大鏡把牠們放大來研究。威爾森認為螞蟻非常吸引：牠們有複雜的社交習慣和行為，而且不同種類的螞蟻也有非常不同的行為和習慣，螞蟻更是世界上數量最多的昆蟲。當威爾森還在求學階段時，他發現了美國第一個火螞蟻窩。

「島嶼」上的生命

威爾森曾到南太平洋、中美洲和南美洲等地進行考察。他對島嶼有自己的一套理

論，但他指的島嶼並非位於海中的那種陸地，而是指在森林中沒有很多樹木的地方，例如草原或耕地。他的理論指出，這些「島嶼」距離主要森林地區（如熱帶雨林）越遠，其物種的數量便會越少，原因是距離越遠，生物就越難到達那些「島嶼」。因而加速了那些物種面臨滅絕的厄運。

螞蟻的溝通方法

威爾森找到了螞蟻之間的溝通方法，就是透過留下一種特殊氣味來傳遞信息。威爾森還研究了螞蟻的行為，以及牠們與其他昆蟲的互動，並把研究所得集結成書。後來，他又把從研究動物行為所得的理論套用於人類上，結果引起了很大的爭議，很多人走到他面前提出抗議，更有人把壺水倒在他的頭上以示不滿。

注重生物多樣性

威爾森撰寫的關於螞蟻和其他昆蟲的圖書十分暢銷，也為他帶來超過100個獎項。除了做研究外，威爾森也積極參與保護不同物種的工作，而「生物多樣性」（biodiversity）這個詞語也常常掛在他的口邊。

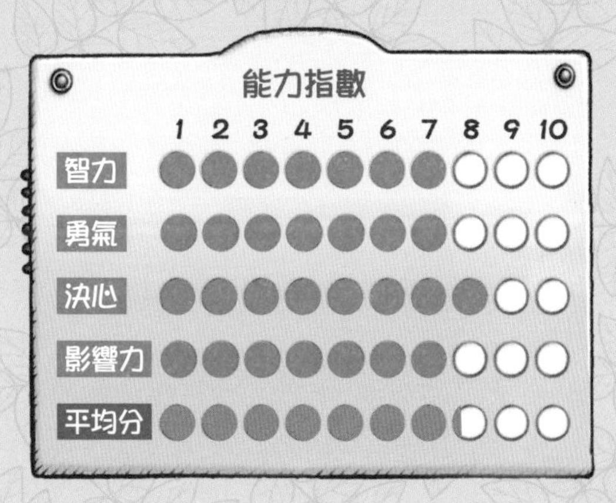

大事紀

公元前384年

古希臘科學家和哲學家亞里士多德出生。

1632年

微生物學之父雷文霍克出生。

1707年

林奈出生。他找到了把植物和動物分類的新方法。

1745年

法布里丘斯出生。他發明了把昆蟲分類的方法，至今仍然被沿用。

1769年

居維葉出生。他證明了一些動物已經絕種。

1793年

拉馬克在巴黎的國家自然歷史博物館擔任了昆蟲及蠕蟲學教授，並提出了另一套生物演化的理論。

1799年

洪堡德展開中美洲和南美洲的探險之旅。

1831年

達爾文登上「小獵犬號」展開探險之旅。旅程中，他想出了物競天擇的「演化論」。

1869年

華萊士出版了著作《馬來羣島》，內容是關於他的探險之旅和如何得出跟達爾文相近的理論。

1897年

拉科維澤開始南極之旅，成為了第一位到南極考察的生物學家。

1920年

奇斯曼成為倫敦動物園第一位女性園長。

1922年

克拉克出生。她後來被人們稱為「鯊魚女士」。

1929年

螞蟻專家威爾森出生。他是一位得到很多獎項的作家和生物學家。

1958年

達雷爾在澤西島上建立了動物園。

1960年

珍古德在東非成立了研究營研究黑猩猩。

1962年

卡森的暢銷書《寂靜的春天》出版，書中警告了人類有關殺蟲劑的禍害及污染地球的後果。

1971年

高爾迪卡開始研究紅毛猩猩。

1983年

福西的著作《迷霧中的大猩猩》出版。

詞彙表

物種：

生物的一個類別。同一類別的動物可以互相傳播繁殖。(p. 9-10, 12, 21, 25, 27, 30, 32-33, 53, 57)

細胞：

生物組成的最基本單位。(p. 33, 39)

胚胎：

動物發展的最早期階段，可以是在一隻蛋或在母體內。(p. 15)

無脊椎動物：

沒有脊椎骨的動物，包括昆蟲、蜘蛛、蠕蟲、水母等。(p. 24-25)

節肢動物：

腿上有關節，以及骨骼外露於身體的動物，包括昆蟲、蜘蛛、蠍子、螃蟹和龍蝦。(p. 25)

甲殼動物：

表面有一層外殼的動物，例如螃蟹、蝦。(p. 25)

蠕蟲：

長條狀、無脊椎的軟體動物，透過身體肌肉收縮來蠕動。(p. 24-25, 39, 50, 54)

演化：

生物經過很長的時間作出改變的過程。(p. 9, 17, 24-25, 30, 32-33)

物競天擇：

同一物種的不同羣體之間有着微小的差異，有些差異讓某一羣體有比較高的生存機會，牠們會較容易繁殖下一代，並會把這些微小的差異傳給下一代，幫助牠們生存。(p. 9, 32)

絕種：

物種完全滅絕。(p. 12, 21-23, 29, 32, 36-37, 47)

化石：

很久以前的生物死亡後被埋在地下，變成像石頭一樣的東西。(p. 20-21, 23, 35-36)

祖先：

演化成現代各種生物的古代生物。(p. 9-10, 12, 23, 33)

棲息地：

某種動物或植物生存的地方。(p. 47)

分類：

把生物排序和分組的方法，主要是依賴生物之間相同的特徵而進行分類。(p. 15, 25-27, 34-35)

學名：

科學範疇內使用的專門名稱。(p. 26-27)

解剖學：

研究人體構造的學科。(p. 16, 52)

標本：

生物死亡後，經過加工以保持牠原來的樣子，用作觀賞或研究。(p. 21, 30, 49)

論文：

討論或研究某種問題的學術文章。(p. 9, 16-17, 21, 41, 54-55)

回聲定位：

利用回聲定位找出目標。動物利用聲音撞擊其他事物產生回聲，用這個方法獵食 。(p. 44)

保育：

保護野生動物和野生環境。(p. 11, 28-29, 37, 44-45, 47)

非法狩獵者：

非法捕殺野生動物的人。(p. 37, 47)

諾貝爾獎：

根據近代炸藥發明者——瑞典化學家阿佛烈．諾貝爾（Alfred Nobel）的遺囑所創，於1901年開始頒發給對人類作出重大貢獻的人。(p. 16)